FORSCHUNGSBERICHTE DES LANDES NORDRHEIN-WESTFALEN
Nr. 2449

Herausgegeben im Auftrage des Ministerpräsidenten Heinz Kühn
vom Minister für Wissenschaft und Forschung Johannes Rau

Dr. rer. nat. Wolfgang Kern
Dr. rer. nat. Gunter Weiner
Prof. Dr. phil. Dr. rer. nat. h. c. Josef Meixner

Institut für Theoretische Physik, Lehrstuhl A der
Rhein.-Westf. Techn. Hochschule Aachen

Beziehungen zwischen der entropiefreien, der chemischen und der rationalen Thermodynamik der Vorgänge

Westdeutscher Verlag 1974

© 1974 by Westdeutscher Verlag GmbH, Opladen
Gesamtherstellung: Westdeutscher Verlag

ISBN 978-3-531-02449-3   e-ISBN 978-3-322-88069-7 (eBook)
DOI 10.1007/978-3-322-88069-7

<u>Inhalt</u>

ISBN-13: 978-3-531-02449-3   e-ISBN-13: 978-3-322-88069-7
DOI: 10.1007/978-3-322-88069-7

1. Einleitung

Die Thermodynamik des Gleichgewichts (auch Thermostatik genannt) hat schon vor etwa 100 Jahren einen
wesentlichen Teil ihrer Entwicklung erfahren; insbesondere der grundlegende Begriff der statischen
Entropie und ihre Extremaleigenschaft bei gewissen
Nebenbedingungen waren von Clausius[1] erarbeitet worden.
Einen gewissen Abschluß der Entwicklung der Thermostatik darf man u.a. in den Arbeiten von Gibbs[2] sehen,
der sie auf die Berechnung chemischer Gleichgewichte
erweiterte.

In der Thermodynamik der Vorgänge waren zwar
einzelne Gesetze seit langer Zeit bekannt: Das Newtonsche
Reibungsgesetz (1687), das Fouriersche Wärmeleitungs-
gesetz (1822), das Ohmsche Gesetz der elektrischen
Leitung (1826), die zweite Thomsonsche Beziehung in
der Thermoelektrizität (1854), das Ficksche Diffusions-
gesetz (1855). Eine erste systematische Theorie der irreversiblen Prozesse gibt es jedoch, nach einigen Vorläufern,
erst seit etwa 35 Jahren. Sie ist als (klassische) Thermodynamik der irreversiblen Prozesse bekannt geworden.

Seit etwa einem Jahrzehnt hat sich, in beabsichtigter
Unabhängigkeit hiervon, die sogenannte "Rationale Thermodynamik" entwickelt. Ihr Ziel ist eine allgemeine mathe-

matische Theorie der Vorgänge in der kontinuierlichen
Materie, einschließlich thermischer Effekte, der die
physikalischen Erscheinungen genügen sollten. Sie ist
bis jetzt eigentlich nur bis zu einer physikalisch-
thermodynamischen Behandlung vorgedrungen, indem sie
zur Beschreibung der Vorgänge nur die Felder von
äußeren Variablen (Temperaturfeld, Dichtefeld, De-
formationsfeld, Feld der Energiedichte, Spannungsfeld
etc.) einführt. Die Gleichungen, welche die Vorgänge
beschreiben, ergeben sich zum einen Teil aus den
Erhaltungssätzen der Physik (Massen-, Impuls-, Dreh-
impuls-, Energieerhaltung). Dazu kommen die Materialgleichungen, in denen individuelle Eigenschaften von
Materialien ausgedrückt sind. Die Materialgleichungen
drücken etwa die Temperatur, den Temperaturgradienten,
den Spannungstensor zur Zeit t aus durch die Behandlung
des Materials bis zum Zeitpunkt t, welche im Verlauf
der spezifischen inneren Energie, des Wärmeflusses,
des Deformationsgradienten zu allen früheren Zeiten
$s' \leq t$ besteht. In dieser Darstellung der genannten abhängigen Variablen zur Zeit t als Funktionale der unabhängigen Variablen zu allen früheren Zeitpunkten $s' \leq t$
drückt sich der physikalisch-thermodynamische Stand-
punkt der Theorie aus.

Bis hierher ist gegen die Rationale Thermodynamik
nichts einzuwenden; denn sie benutzt nur die wohlbe-
währten Erhaltungssätze und macht im übrigen nur die
fast triviale Aussage, daß der Zustand eines Material-
elementes zur Zeit t davon abhängt wie man das Material
bis zu diesem Zeitpunkt behandelt hat. Aber bis hierher
ist auch nichts enthalten, was die Irreversibilität zum

Ausdruck bringt. Eine Vereinfachung oder Spezialisierung
der Materialgleichungen wird nun durch Einführung von
gewissen "Prinzipien" versucht. Von diesen werden im
Folgenden von besonderer Bedeutung sein

    1. das "Prinzip" der Objektivität,

    2. das "Prinzip" der Äquipräsenz,

    3. die Clausius-Duhemsche Ungleichung (das "Prinzip"
       der Entropiezunahme).

In der Clausius-Duhemschen Ungleichung kommt die
Irreversibilität der Vorgänge zum Ausdruck. Aber die
Möglichkeit, sie zu formulieren, setzt voraus, daß
auch in der physikalisch-thermodynamischen Beschreibung von einer Nichtgleichgewichts-Entropie gesprochen
werden kann. Wir werden insbesondere auf diesen Punkt
kritisch zu sprechen kommen. Aber solche Kritik wird
in der "Rationalen Thermodynamik" einfach abgewehrt,
indem die Entropie als eine "primitive Größe" be-
trachtet wird, die nur durch die für sie festgelegten
mathematischen Eigenschaften definiert ist (nämlich
die Clausius-Duhemsche Ungleichung). Um sich gegen
physikalische Vorstellungen abzusetzen, wird zwar
von Entropie gesprochen, ihr aber ein anderer Name
gegeben.[I]

Trotz der kaum noch übersehbaren Literatur zur
"Rationalen Thermodynamik" - allgemeine Theorie, Modi-
fikationen und nochmalige Verallgemeinerungen, An-
wendungen - erscheint uns diese in ihren Axiomen,
Methoden und Ergebnissen als eine weitgehend mathe-
matische und physikalisch nicht ausreichend gestützte
Theorie.

Das "Prinzip" der Objektivität (man sollte besser
sagen Postulat) erscheint uns nicht begründet, bringt
aber Vereinfachungen der Materialgleichungen. Das
"Prinzip" der Äquipräsenz (auch hier besser Postulat)
kann in seiner allgemeinsten Form - daß alles von allem
abhängen kann - durchaus anerkannt werden. In seinen
speziellen Formulierungen soll es gelten, außer wenn
es aus physikalischen Gründen als nicht geltend bewiesen werden kann. Wie das Postulat der Äquipräsenz
bei Materialien vom "rate type" oder bei einer Thermodynamik der Vorgänge in einer Beschreibung mit inneren
Variablen angewandt werden kann, wurde bisher nicht gezeigt.[II]

Die stärkste Kritik muß jedoch die Anwendung der
Clausius-Duhemschen Ungleichung in einer physikalischen
Thermodynamik der Vorgänge finden, setzt sie doch im
Rahmen einer solchen Theorie die Existenz einer Entropie
(und obwohl es nie explizit gesagt wird, so ist doch ge-
meint, einer eindeutigen Entropie) voraus.

Die Betrachtung von thermodynamischen Systemen von
besonders durchsichtiger Struktur, nämlich der elektrischen
Netzwerke, hat einen der Verfasser zur Einsicht geführt,
daß in einer physikalischen Thermodynamik der Vorgänge
eine Nichtgleichgewichtsentropie keinen Platz hat.[5]
Die weitere Schlußfolgerung war, daß eine physikalisch-
thermodynamische Theorie der Vorgänge ohne Verwendung
des Begriffs einer Nichtgleichgewichtsentropie entwickelt
werden kann. Sie führte dann zur sogenannten entropiefreien Thermodynamik der Vorgänge[6][7], in welcher der
irreversible Charakter der Vorgänge seinen Ausdruck in

der sogenannten fundamentalen Ungleichung fand, der die
Materialgleichungen für alle Prozesse zu genügen haben.
Sie tritt an die Stelle der Clausius-Duhemschen Ungleichung und ist frei vom Begriff einer Nichtgleichgewichtsentropie.

In diesem Bericht soll zunächst gezeigt werden,
daß man über die fundamentale Ungleichung der entropiefreien Thermodynamik eine unendliche Gesamtheit von
Entropiefunktionalen für den gleichen Prozeß konstruieren kann. Damit stellt sich natürlich die Frage,
ob eines von diesen ausgezeichnet ist. In mathematischer
Hinsicht kann man tatsächlich eines von ihnen auszeichnen,
ihm kommt aber keine einfache oder besonders nützliche
Eigenschaft zu. In der Tat kann man bei speziellen
linearen Relaxationssystemen zeigen, daß einem anderen
Entropiefunktional physikalische Bedeutung zukommt, aber
dieses kann wiederum nicht für allgemeine Materialgleichungen konstruiert werden. Damit bleibt die Frage
nach der Existenz einer physikalisch vernünftigen und
vielleicht auch molekular herleitbaren Nichtgleichgewichtsentropie offen und vermutlich nicht einmal be-
antwortbar. Darin zeigt sich ein wesentlicher Vorteil
der entropiefreien Thermodynamik, die auf den proble-
matischen Begriff einer Nichtgleichgewichtsentropie
nicht angewiesen ist, im Gegensatz zur Rationalen Thermodynamik.

Es muß betont werden, daß diese Feststellungen
nur auf eine physikalische Thermodynamik der Vorgänge
zutreffen. Eine verfeinerte Theorie erklärt die Material-

gleichungen der physikalischen Thermodynamik durch das
Wirken von molekularen Mechanismen, die durch innere
Variablen beschrieben werden können. In einer solchen
Theorie - und die klassische Thermodynamik irreversibler Prozesse ist eine solche - kann man sehr
wohl eine Nichtgleichgewichtsentropie als die Entropie
des gehemmten Gleichgewichts einführen, entweder für
einen vollen Satz von inneren Variablen, oder auch
für eine geeignete Auswahl von inneren Variablen im
Falle genügend langsamer Prozesse. In Analogie zur
chemischen Thermostatik sollte man dann von einer
chemischen Thermodynamik der Vorgänge im Gegensatz
zu einer physikalischen Thermodynamik sprechen. Ihr
Vorteil ist, daß man den Zustand eines Material-
elementes zur Zeit t durch die Werte der äußeren unabhängigen Variablen und der inneren Variablen zum selben
Zeitpunkt t beschreiben kann, während in der physikalischen
Thermodynamik für die Charakterisierung des Zustands zur
Zeit t die Werte der äußeren unabhängigen Variablen allein,
aber zu allen früheren Zeiten heranzuziehen sind.

Die chemische Thermodynamik der Vorgänge stellt
eine physikalisch besonders ausgezeichnete Theorie dar.
Sie erlaubt, durch Elimination der inneren Variablen
die Materialgleichungen der physikalischen Thermodynamik
zu gewinnen, die dann ohne weitere Annahme der fundamentalen Ungleichung genügen. Auch in der Entropie kann
man die inneren Variablen eliminieren und hat dann auch
in der physikalisch-thermodynamischen Beschreibung
eine wohldefinierte Entropie, also keine unendliche
Vieldeutigkeit. Das setzt aber voraus, daß die chemisch-
thermodynamische Beschreibung vorliegt und damit auch

die in Frage kommenden inneren Variablen durch mole-
kulare Mechanismen identifiziert sind. Dies ist aber
in aller Regel eine sehr schwierige Aufgabe, und soweit
nicht lösbar, muß man sich eben doch mit der physikalisch-
thermodynamischen Theorie zufrieden geben, und dann kann
man keine eindeutige Entropie definieren und weiß nur,
daß es unendlich viele Entropiefunktionale für denselben
Prozeß gibt, unter denen natürlich die Entropie, welche
sich nach vollständiger Analyse der molekularen Prozesse
ergeben würde, enthalten sein muß.

Aber auch ohne Kenntnis der molekularen Mechanismen
kann man solche postulieren und formal durch innere
Variablen beschreiben. Damit kann man eine große Menge
von Materialien erfassen, und es ergibt sich die Möglichkeit,

1. die entsprechenden Materialgleichungen der
physikalischen Thermodynamik herzuleiten,

2. zu untersuchen, welche Folgerungen das wohlbe-
währte Prinzip der Galilei-Invarianz sowohl für die
Materialgleichungen mit inneren Variablen als auch
für die Materialgleichungen der (physikalischen) entropiefreien Thermodynamik der Vorgänge mit sich bringt,

3. zu untersuchen, wann bzw. unter welchen zusätzlichen
Voraussetzungen die Galilei-Invarianz die Objektivität
zur Folge hat.

Auch mit diesen Fragen befaßt sich dieser Bericht.
In Bezug auf Einzelheiten, insbesondere mathematischer
Natur, sei auf die ausführlichen Arbeiten von Kern[8]
und Weiner[9] verwiesen.

2. Die Materialgleichung der physikalischen und chemischen Thermodynamik der Vorgänge.

Wir befassen uns zunächst mit den Material-gleichungen der physikalischen Thermodynamik der Vorgänge. Diffusion soll vernachlässigt werden (vgl. hierzu Alts[10]), und von elektromagnetischen Feldern sei ebenfalls abgesehen. Schließlich soll auch Austausch von Drehimpuls der Bewegung mit innerem Drehimpuls (z.B. Spins von Elektronen oder Atomkernen) unberücksichtigt bleiben (vergl. hierzu Meixner[11]). Dann ist der Spannungstensor symmetrisch.

Als unabhängige Felder der kontinuierlichen Materie werden gewählt
1. das Feld $u(\underline{x},t)$ der spezifischen inneren Energie,[III]
2. das Feld $\underline{q}(\underline{x},t)$ des Wärmeflusses,
3. das Feld $\underline{F}(\underline{x},t)$ des Deformationsgradienten.

Sie bestimmen die abhängigen Felder:
1. das Feld $T(\underline{x},t)$ der Temperatur,
2. das Feld $\underline{\nabla}T(\underline{x},t)$ des Temperaturgradienten,
3. das Feld $\underline{\sigma}(\underline{x},t)$ des Spannungstensors.

Jedem Wert von u und $\underline{F}$ kann man eine begleitende Gleichgewichtsentropie $s_{st}(u(t),\underline{F}(t))$ und begleitende Werte $T_{st}(u(t),\underline{F}(t))$ der Temperatur und $\underline{\underline{\sigma}}_{st}(u(t),\underline{F}(t))$ des Spannungstensors zuordnen.

Es ist zweckmäßig, diese begleitenden Größen in die Materialgleichungen einzuführen. Sie lauten dann

$$1/T_{st} - 1/T = F_0\{u(s'), \underline{\underline{E}}(s'), \underline{q}(s'); -\infty < s' \le t\} \qquad (2.1)$$

$$\underline{v}(1/T) = \underline{F}_1\{u(s'), \underline{\underline{E}}(s'), \underline{q}(s'); -\infty < s' \le t\} \qquad (2.2)$$

$$\underline{q}/T - \underline{q}_{st}/T_{st} = \underline{\underline{F}}_2\{u(s'), \underline{\underline{E}}(s'), \underline{q}(s'); -\infty < s' \le t\} \qquad (2.3)$$

Die Größen linkerhand sind zum Zeitpunkt t zu nehmen;
die Materialgleichungen drücken dann aus, daß diese
Größen von den Werten von u, $\underline{\underline{E}}$, $\underline{q}$ im selben Material-
element zu allen früheren Zeiten $s' \le t$, d.h. von der
Vorbehandlung abhängen können. Entsprechend bedeuten
die Symbole F_0, $\underline{F}_1$, $\underline{\underline{F}}_2$ ein skalares, ein vektor-
wertiges und ein tensorwertiges Funktional.

Diesen Materialgleichungen sind einige Forderungen
aufzuerlegen:
1. Sie sind invariant gegen Translationen der Zeit.
   Damit ist ausgeschlossen, daß neben $u(s')$, $\underline{\underline{E}}(s')$,
   $\underline{q}(s')$ noch andere Einwirkungen erfolgen.
2. Wenn $u(s')$, $\underline{\underline{E}}(s')$ von einem Zeitpunkt t an konstant
   gehalten werden und $\underline{q}(s') = 0$ in $s' \le t$ ist, so
   nähern sich die linken Seiten in (2.1) bis (2.3)
   für $t \rightarrow \infty$ dem Grenzwert Null.
3. Sie sind kovariant gegen jede feste, d.h. zeit-
   unabhängige Drehung des Koordinatensystems
   x_1, x_2, x_3 zur Zeit t.
4. Sei der Ausgangszustand bei $t = -\infty$ ein spannungsfreier Gleichgewichtszustand. Dann sind die
   Materialgleichungen kovariant gegen jede zu-
   lässige Transformation der Symmetriegruppe des

Materials (bei Kristallen sind dies die Deck-
transformationen).

5. Sie sind mit dem zweiten Hauptsatz der Thermodynamik verträglich. In der entropiefreien
   Thermodynamik heißt dies, daß für alle Vorgänge, die bei $t= -\infty$ mit einem Gleichgewichtszustand beginnen, die fundamentale Ungleichung

$$\int\limits_{-\infty}^{\tau} dt\{ (1/T_{st}-1/T)\dot{u} + 1/\rho Sp((\underline{\sigma}/T-\underline{\sigma}_{st}/T_{st})\underline{\dot{F}}\underline{F}^{-1})$$

$$+ 1/\rho\underline{q}\cdot\underline{v}(1/T) \}\geq 0 \qquad (2.4)$$

gilt, wenn in ihr die linken Seiten von (2.1) bis
(2.3) durch die entsprechenden rechten Seiten ausgedrückt werden. Diese Eigenschaft wird auch
Passivitätseigenschaft des Materials genannt und
hat eine enge Analogie zur Passivität elektrischer
Netzwerke.

Zur Vereinfachung der Schreibweise seien
der Variablensatz

$$\underline{\dot{\Lambda}} = (\dot{u}, \underline{\dot{F}}, \underline{q}) \qquad (2.5)$$

und der zugeordnete Variablensatz

$$\underline{\mu} = \left(1/T_{st}-1/T, \ 1/\rho \ (\underline{\sigma}/T-\underline{\sigma}_{st}/T_{st}) \ (\underline{F}^{T})^{-1}, \ 1/\rho\underline{v}(1/T) \right) \quad (2.6)$$

eingeführt. Damit lautet (2.4)

$$\int_{-\infty}^{\tau} dt \; \underline{\mu}(t) \; \underline{\dot{\Lambda}}(t) \geq 0 \qquad \text{(alle reellen } \tau \text{)}, \qquad (2.7)$$

wobei mit $\underline{\mu}(t) \cdot \underline{\dot{\Lambda}}(t)$ das übliche Skalarprodukt der "Vektoren" $\underline{\mu}$ und $\underline{\dot{\Lambda}}$ mit je 13 Komponenten bezeichnet ist.

Wir geben noch eine andere Schreibweise der fundamentalen Ungleichung

$$\int_{-\infty}^{\tau} dt \left(\dot{s}_{st} + 1/\rho \, \mathrm{div} \, (\underline{q}/T) \right) \geq 0$$

an, die über die Bilanzgleichung der inneren Energie mit (2.4) zusammenhängt.

Die Materialgleichungen (2.1) bis (2.3) stellen zusammen mit den Bilanzgleichungen für Masse, Impuls und Energie ein vollständiges Gleichungssystem zur Behandlung von Vorgängen in kontinuierlichen Materialien dar.

In der <u>chemischen Thermodynamik</u> der Vorgänge werden neben den oben eingeführten Feldern noch Felder von inneren Variablen ξ_α hinzugenommen, so daß sich der Zustand eines Materialelements zur Zeit t durch $u(t)$, $\underline{\underline{E}}(t)$, $\underline{q}(t)$ und durch die Werte der inneren Variablen $\xi_\alpha(t)$ festlegen läßt. Denkt man sich die inneren Variablen durch Antikatalysatoren auf konstanten Werten festgehalten, so hat man ein sog. gehemmtes Gleichgewicht. Ihm kann man eine Entropie

$$s^* = s^* (u, \underline{\underline{E}}, \xi_\alpha)$$

zuordnen. Mit ihr definiert man über die Differentialbeziehung

$$ds^* = 1/T^* du - 1/\rho T^* \; Sp(\underline{\sigma}^* d\underline{F} \; \underline{F}^{-1}) + \sum_\alpha A_\alpha d\xi_\alpha \qquad (2.8)$$

eine Temperatur T^* und eine Spannung $\underline{\sigma}^*$ des gehemmten Gleichgewichts sowie Affinitäten A_α. Sie
hängen alle von u, $\underline{F}$, ξ_α ab.

Die schon in der klassischen Thermodynamik
irreversibler Prozesse gemachte und bewährte Annahme ist, daß diese Entropie s^* des gehemmten Gleichgewichts auch im Prozess als eine Nichtgleichgewichtsentropie dient und einer Clausius-Duhemschen Ungleichung

$$\rho \dot{s}^* + div(\underline{q}/T) \geq 0 \qquad (2.9)$$

genügt. Mit (2.8) errechnet man dann über die Bilanzgleichungen

$$\begin{aligned}
\rho \dot{s}^* &+ div(\underline{q}/T) \\
= \rho(1/T^* &-1/T)u + Sp\big((\underline{\sigma}/T - \underline{\sigma}^*_{st}/T_{st}) \dot{\underline{F}} \; \underline{F}^{-1}\big) \qquad (2.10) \\
&+ \underline{q} \cdot \underline{\nabla}(1/T) + \rho \sum_\alpha A_\alpha \xi_\alpha
\end{aligned}$$

Der rechts stehende Ausdruck wird Entropieproduktion
pro Volumen- und Zeiteinheit genannt.

Führt man die folgenden Variablensätze oder
"Vektoren"

$$\underline{h} = (u, \underline{F}, \underline{\Omega}) \; ; \; \dot{\underline{h}} = (\dot{u}, \dot{\underline{F}}, \underline{q}) \qquad (2.11)$$

und

$$\underline{g} = \left(-1/T, (1/\rho\, T)\cdot \underline{\underline{\sigma}}(\underline{\underline{F}}^T)^{-1}, (1/\rho)\underline{v}(1/T)\right);$$ (2.12)

$$\underline{g}^* = \left(-1/T^*, (1/\rho T^*)\cdot \underline{\underline{\sigma}}^*(\underline{\underline{F}}^T)^{-1}, \underline{0}\right)$$

ein mit

$$\underline{Q}(t) = \int_{-\infty}^{t}\underline{g}(s')ds' \;,$$ (2.13)

so ist

$$\underline{g}^* = -\,\partial s^*(\underline{h},\underline{\xi})/\partial\underline{h}\;,$$ (2.14)

mit der Maßgabe, daß s^* nicht von $\underline{Q}$ abhängt und daß im "Vektor" $\underline{\xi}$ alle inneren Variablen zusammengefaßt sind. Dann lautet die rechte Seite von (2.10), kombiniert mit (2.9)

$$\rho\left((\underline{g} + \partial s^*/\partial\underline{h})\cdot\underline{\dot{h}} + (\partial s^*/\partial\underline{\xi})\,\underline{\dot{\xi}}\right)\geq 0$$ (2.15)

Als einfachste Materialgleichungen setzt man die Koeffizienten von $\underline{\dot{h}}$ und $\underline{\dot{\xi}}$ als Funktionen von $\underline{h}$, $\underline{\dot{h}}$, $\underline{\xi}$, $\underline{\dot{\xi}}$, aber unabhängig von der Variablen $\underline{Q}$ an:

$$\underline{g} = -\,\partial s^*/\partial\underline{h} + \underline{\gamma}_1(\underline{h},\underline{\xi},\underline{\dot{h}},\underline{\dot{\xi}})$$ (2.16)

$$\underline{0} = -\,\partial s^*/\partial\underline{\xi} + \underline{\gamma}_2(\underline{h},\underline{\xi},\underline{\dot{h}},\underline{\dot{\xi}})$$ (2.17)

mit solchen Funktionen γ_1, γ_2, daß

$$\underline{\gamma}_1\,\underline{\dot{h}} + \underline{\gamma}_2\,\underline{\dot{\xi}} \geq 0$$ (2.18)

für alle $\underline{h}$, $\underline{\xi}$, $\underline{\dot{h}}$, $\underline{\dot{\xi}}$ in einem gewissen Bereich.
Ersichtlich ist damit die Ungleichung (2.15)
erfüllt und damit nicht-negative Entropieproduktion
gesichert.

Natürlich sind die Ansätze (2.16) und (2.17),
die wir als einen thermodynamischen Formalismus bezeichnen, verallgemeinerungsfähig. Man könnte etwa
in $\underline{Y}_1$ und $\underline{Y}_2$ noch eine Abhängigkeit von zweiten
und höheren Ableitungen der $\underline{h}$ und $\underline{\xi}$ zulassen. Falls
diese Materialgleichungen linear in $\underline{h}$, $\underline{\xi}$ und ihren
Zeitableitungen sind, kann man sie jedoch auf
Materialgleichungen vom Typ (2.16) und (2.17) mit
einem erweiterten Satz von inneren Variablen re-
duzieren. Für nichtlineare Materialgleichungen
sind entsprechende Verhältnisse noch nicht gesichert.

Der thermodynamische Formalismus (2.16),
(2.17) liefert ein Modell für die Nachwirkungs-
funktionale (2.1) bis (2.3). Faßt man nämlich
(2.17) als eine Differentialgleichung für $\underline{\xi}(t)$
auf, so gibt die Integration für $\underline{\xi}(t)$ ein Funktional
von $\underline{h}(s')$ mit $-\infty \leq s' \leq t$, und wenn man dieses in (2.16)
einsetzt, erhält man Materialgleichungen der Gestalt
(2.1) bis (2.3). Es ist auch leicht zu zeigen, daß
diese dann der fundamentalen Ungleichung (2.4) genügen.
Dazu braucht man nur die Extremaleigenschaft der
Entropie

$$s^*(\underline{h},\underline{\xi}) \leq s^*(\underline{h},\overline{\xi}) = s_{st}(\underline{h}) \,, \qquad (2.19)$$

wenn $\overline{\xi} = \overline{\xi}(\underline{h})$ den Gleichgewichtswert von $\underline{\xi}$ bei ge-
gebenem $\underline{h}$ bedeutet.

Auch die Materialgleichungen (2.16), (2.17) haben neben (2.18) noch gewissen Kovarianzeigenschaften zu genügen. Davon wird im letzten Abschnitt gesprochen werden.

3. Konstruktion von Entropiefunktionalen in der entropiefreien Thermodynamik.

Ausgangspunkt sind die Materialgleichungen (2.1) bis (2.3) und die fundamentale Ungleichung (2.4) bzw. (2.7).

Wenn jedem Prozeß $\underline{\Lambda}(t)$ in $-\infty < t < \infty$ (siehe (2.5)) eine Nichtgleichgewichtsentropie zugeordnet werden soll, so muß man erst sagen, welche Eigenschaften diese haben soll. Sinnvolle Forderungen sind die folgenden:

1. Die spezifische Entropie $s(t)$ ist eine Zustandsfunktion und damit durch die Behandlung des Materialelements bis zum Zeitpunkt t bestimmt, d.h.

$$s(t) = \hat{s}\{\underline{\Lambda}(s'); -\infty < s' \leq t\}. \qquad (3.1)$$

Mit $\hat{s}$ ist also wieder ein Funktional bezeichnet.

2. Das Funktional $\hat{s}$ besitzt Stetigkeitseigenschaften in dem Sinne, daß für beliebig wenig verschiedene Vorbehandlungen $\underline{\Lambda}_1(s')$ und $\underline{\Lambda}_2(s')$ auch das Funktional $\hat{s}$ beliebig wenig verschiedene Werte annimmt. Ferner ist $s(t)$ nach t differenzierbar.

3. Für alle Vorgänge gilt die Clausius-Duhemsche Ungleichung

$$\rho \dot{s}(t) + \mathrm{div}(\underline{q}/T) \geq 0 \qquad (3.2)$$

4. Im ungehemmten thermodynamischen Gleichgewicht reduziert sich das Funktional $\hat{s}$ auf
die thermostatische Entropie $s_{st}(u,\underline{E})$. Insbesondere gilt für einen Prozeß, der bei
$t=-\infty$ von einem ungehemmten thermodynamischen
Gleichgewicht ausgeht und bei $t=\infty$ in einem
solchen endet,

$$\lim_{t \to -\infty} s(t) = s_{st}\big(u(-\infty), \underline{E}(-\infty)\big) \qquad (3.3)$$

$$\lim_{t \to +\infty} s(t) = s_{st}\big(u(+\infty), \underline{E}(+\infty)\big) \; . \qquad (3.4)$$

5. Das Funktional $\hat{s}$ ist zeittranslationsinvariant,
d.h. es ist für alle τ

$$\hat{s}\left\{\underline{\Lambda}(s'+\tau); \; -\infty < s' \leq t\right\} = \hat{s}\left\{\underline{\Lambda}(s'); \; -\infty < s' \leq t+\tau\right\} .$$

Zur Konstruktion eines solchen Funktionals ordnen
wir zunächst jedem Prozeß $\underline{\Lambda}(s')$ ein Funktional $F(t)$ in
folgender Weise zu. Man bilde zu einem bis zum Zeitpunkt
$s'=\tau$ vorgegebenen Prozeß $\underline{\Lambda}(s')$

$$F(\tau) = \inf \int_{-\infty}^{\infty} ds' \; \underline{\mu}(s')\underline{\Lambda}(s') \qquad (3.5)$$

$$= \inf \int_{-\infty}^{\infty} ds' \left\{\dot{s}_{st}+(1/\rho)\,\mathrm{div}(\underline{q}/T)\right\} , \qquad (3.6)$$

wobei das Infimum über alle möglichen Fortsetzungsprozesse
in $t \leq s' < \infty$ zu nehmen ist. Dann läßt sich zeigen (wegen
Einzelheiten vergl. Kern[8]), daß

$$s(t) = s_{st}(t) - \int_{-\infty}^{t} ds' \left(\dot{s}_{st}+(1/\rho)\,\mathrm{div}(\underline{q}/T)\right) + F(t) \qquad (3.7)$$

ein mögliches Entropiefunktional ist, welches alle oben
genannten Eigenschaften 1. bis 5. erfüllt.

$$- 22 -$$

Ein zu (3.5) analoges Funktional wurde von Meixner[12] in der Theorie der linearen passiven Systeme eingeführt und von Tobergte[13] explizit dargestellt. Für die hier betrachteten nichtlinearen Vorgänge kann eine explizite Darstellung nicht angegeben werden. Das hindert aber nicht daran, aus diesem Funktional, dessen Existenz feststeht, weitere Schlüsse zu ziehen. Insbesondere dient es dazu, beliebig viele weitere Entropiefunktionale zu konstruieren durch

$$s(t) = s_{st}(t) - \int_{-\infty}^{t} ds' \, \dot{\underline{\Lambda}}(s')\underline{\mu}(s') + \int_{0}^{\infty} g(s')F(t-s')ds', \quad (3.8)$$

wobei $g(s')$ eine beliebige stückweise stetig differenzierbare Funktion mit den Eigenschaften

$$g(s') \geq 0 \quad , \int_{0}^{\infty} g(s')ds' = 1 \qquad (3.9)$$

ist.

Die zu Beginn dieses Abschnitts angegebenen Bedingungen für eine sinnvolle Nichtgleichgewichtsentropie sind für jedes Funktional $s(t)$ in (3.8) erfüllt, falls die Funktion $g(s')$ nur den genannten Bedingungen genügt.

Es ist bemerkenswert, daß die Entropiefunktionale (3.8) wenigstens im Falle linearer Materialgleichungen Potentialeigenschaft besitzen. D.h. man kann aus den Entropiefunktionalen durch geeignete Funktionaldifferentiationen die Materialgleichungen gewinnen. Wir sehen darin eine Verallgemeinerung der Tatsache, daß man aus der statischen Entropie $s_{st}(u,\underline{F})$ durch Differentiationsprozesse die Materialgleichungen der Thermostatik, nämlich

die thermische und die kalorische Zustandsgleichung gewinnen kann.

Die Gesamtheit der möglichen Entropiefunktionale
kann man aus dem Funktional F(t) gewinnen, indem man
in (3.7) F(t) durch F(t-a(t)) ersetzt, wobei

$$a(t) = a \left\{ \underline{\Lambda}(s'); \ -\infty < s' \leq t \right\}$$

ein eindeutiges Funktional ist mit den Eigenschaften

1. $a(t) \geq 0$;

2. $t - a(t)$: monoton wachsend mit t;

3. $\hat{a} \left\{ \underline{\Lambda}(s'); \ -\infty < s' \leq t \right\}$: invariant gegen Zeittranslationen;

4. $\lim\limits_{t \to \infty} (t - a(t)) = \infty$.

Diese Entropiefunktionale besitzen jedoch auch im Falle
linearer Materialgleichungen nicht alle die Potentialeigenschaft, wie an Beispielen bewiesen werden kann.[14]

Die Existenz von sinnvollen Nichtgleichgewichts-
entropien in der entropiefreien Thermodynamik bestätigt
zwar die Annahme der Rationalen Thermodynamik, daß
auch im Nichtgleichgewicht eine Entropie existiert,
die insbesondere der Clausius-Duhemschen Ungleichung
genügt. Trotzdem sind gegen sie folgende Bedenken vor-
zubringen:
    1. Für ein und dasselbe Material kann man beliebig
viele Entropiefunktionale konstruieren.
    2. Soweit man darunter welche mathematisch aus-
zeichnen kann, z.B. (3.7), sind sie (wenigstens heute
noch) nicht explizit konstruierbar oder nicht ver-

allgemeinerungsfähig[15].

3. Keines dieser Entropiefunktionale läßt sich bis heute mit Hilfe einer kinetischen Theorie der Materie auszeichnen.

4. Die physikalische Thermodynamik der Vorgänge läßt sich auch ohne den Begriff einer Nichtgleichgewichtsentropie begründen.

Wir möchten daher die Entropie im Nichtgleichgewicht nicht als eine "primitive", sondern als eine sekundäre und unendlich vieldeutige Größe bezeichnen.

Wegen mathematischer Einzelheiten, insbesondere Stetigkeits- und Differenzierbarkeitseigenschaften sowie weiterer Eigenschaften der Entropiefunktionale (3.8) muß auf Kern[8] verwiesen werden.

4. Kovarianzeigenschaften der Materialgleichungen der chemischen und der physikalischen Thermodynamik.

Die im 2. Abschnitt eingeführten Materialgleichungen der chemischen Thermodynamik

$$s^* = s^* \, (\underline{h}, \underline{\xi}) \, , \tag{4.1}$$

$$\underline{g} = - \partial s^*/\partial \underline{h} + \underline{Y}_1 \, (\underline{h}, \underline{\xi}, \underline{\dot{h}}, \underline{\dot{\xi}}) \, , \tag{4.2}$$

$$\underline{0} = - \partial s^*/\partial \underline{\xi} + \underline{Y}_2 \, (\underline{h}, \underline{\xi}, \underline{\dot{h}}, \underline{\dot{\xi}}) \tag{4.3}$$

bezeichnen wir als vom Differentialtyp und der Komplexität 1 in bezug auf die äußeren Variablen und auf die inneren Variablen, da die $\underline{Y}_\alpha$ auch die ersten Ableitungen der Vektoren $\underline{h}$ und $\underline{\xi}$ enthalten. Diese Bezeichnung lehnt sich an Truesdell[4] an und verallgemeinert sie für den Fall , daß auch innere Variablen vorhanden sind.

Die inneren Variablen können aus Größen verschiedenen Transformationsverhaltens bei Drehung des Koordinatensystems bestehen. Wir beschränken uns auf innere Variablen ξ^a, die sich bei Drehungen nicht transformieren, und auf innere Variablen $\underline{y}^b$ und $\underline{\underline{z}}^c$, die sich wie Vektoren bzw. Tensoren transformieren. Sei also $\underline{\underline{Q}}$ eine feste Drehmatrix, dann sollen die transformierten Werte der inneren Variablen durch

$$\underline{y}^{b'} = \underline{\underline{Q}}\underline{y}^b \, , \quad \underline{\underline{z}}^{c'} = \underline{\underline{Q}}\underline{\underline{z}}^c\underline{\underline{Q}}^T$$

gegeben sein. Von jeder Sorte können beliebig viele innere Variablen auftreten; d.h. $a = 1,2,\ldots,m$; $b = 1,2,\ldots,n$; $c = 1,2,\ldots,p$.

Als Ausgangszustand sei ein spannungsfreier Gleichgewichtszustand mit $u = u^+$ oder bei fluiden Materialien ein Gleichgewichtszustand isotropen Drucks $p = p^+$ mit $u = u^+$ gewählt. Die Koordinaten eines Materialelements seien in diesem Zustand mit $\underline{X}$, in irgendeinem späteren Zustand mit $\underline{x} = \underline{x}(\underline{X},t)$ bezeichnet. Der Deformationsgradient ist

$$\underline{F} = \partial\underline{x}(\underline{X},t)/\partial\underline{X}, \qquad d.h. \quad F_{i\alpha} = \partial x_i(X_\beta,t)/\partial X$$

Bei einer Drehung $\underline{Q}$ verwandelt er sich in

$$\underline{F}' = \underline{Q}\underline{F} \quad .$$

Man definiert den rechten Cauchy-Greenschen Deformationstensor durch

$$\underline{F}^T\underline{F} = \underline{C}$$

und hat nach dem polaren Zerlegungstheorem

$$\underline{F} = \underline{R}\underline{U} \quad , \quad \underline{U} = \underline{C}^{1/2} \quad ,$$

wobei $\underline{R}$ eine Drehmatrix und $\underline{U}$ eine positiv definite Matrix ist. Bei einer Drehung $\underline{Q}$ des x-Koordinatensystems ergeben sich die transformierten Größen zu $\underline{R}$ und $\underline{U}$ aus

$$\underline{R}' = \underline{Q}\underline{R} \quad , \quad \underline{U}' = \underline{U} \quad .$$

Da u und s˙ Skalare, d.h. gegen Galilei-Transformationen invariant sind, erhalten wir folgende Bedingungen für die Entropie (4.1) des gehemmten Gleichgewichts

$$s(u,\underline{F},\xi^a,\underline{y}^b,\underline{z}^c) = s^\bullet(u,\underline{Q}\underline{F},\xi^a,\underline{Q}\underline{y}^b,\underline{Q}\underline{z}^c\underline{Q}^T) \quad ,$$

die für jede Drehmatrix $\underline{Q}$ (mit det $\underline{Q}$ = +1) gelten muß.
Es genügt bereits die spezielle Wahl $\underline{Q} = \underline{R}^T$, um die
Galilei-invariante Entropiefunktion

$$s^* = s^*(u,\underline{C},\hat{\underline{\xi}}) \qquad (4.4)$$

herzuleiten, wobei $\hat{\underline{\xi}}$ den Satz der transformierten inneren
Variablen

$$\hat{\underline{\xi}} \equiv (\xi^a,\underline{n}^b,\underline{\zeta}^c) \equiv (\xi^a,\underline{R}^T\underline{y}^b,\underline{R}^T\underline{z}^c\underline{R}) \qquad (4.5)$$

bedeutet. Das Differential (2.8) läßt sich dann um-
schreiben in

$$ds^*(u,\underline{C},\hat{\underline{\xi}}) = (1/T^*)du - (1/2\rho T^*)Sp(\underline{F}^{-1}\underline{\sigma}^*(\underline{F}^T)^{-1}d\underline{C}) + \hat{\underline{A}}\cdot d\hat{\underline{\xi}}$$

$$(4.6)$$

und liefert die begleitende Temperatur T und den
begleitenden Spannungstensor in der modifizierten Gestalt
$\underline{F}^{-1}\underline{\sigma}^*(\underline{F}^T)^{-1}$ sowie die Affinitäten $\hat{\underline{A}}$ als Funktionen von
u, $\underline{C}$, $\underline{\xi}$.

Die Entropieproduktion (rechte Seite von (2.10))
läßt sich auf die Form

$$\rho(1/T^* - 1/T)\dot{u} + Sp(\underline{F}^{-1}(\underline{\sigma}/T - \underline{\sigma}^*/T)(\underline{F}^T)^{-1}\dot{\underline{C}}) +$$

$$+ \underline{R}^T\nabla(1/T)\cdot\underline{R}^T\underline{q} + \rho\hat{\underline{A}}\cdot\dot{\hat{\underline{\xi}}} \geq 0 \qquad (4.7)$$

bringen. Im Gegensatz zu (2.10) ist hier nicht nur der
gesamte Ausdruck Galilei-invariant, sondern jeder
Summand besteht aus einem Produkt zweier Galilei-
invarianter Größen.

Analog zu (2.11) und (2.12) wollen wir neben (4.5) die folgenden Galilei-invarianten "Vektoren" einführen

$$\hat{\underline{h}} = (u,\underline{C},\underline{R}^T\underline{Q}) \quad , \quad \dot{\hat{\underline{h}}} = (\dot{u},\dot{\underline{C}},\underline{R}^T\dot{\underline{q}}) \quad , \tag{4.8}$$

$$\hat{\underline{g}} = (-1/T,(1/2\rho T)\underline{F}^{-1}\underline{g}(\underline{F}^T)^{-1}, (1/\rho)\underline{R}^T\nabla(1/T)), \tag{4.9}$$

$$\hat{\underline{g}}^* = (-1/T^*,(1/2\rho T^*)\underline{F}^{-1}\underline{g}^*(\underline{F}^T)^{-1}, \underline{O}). \tag{4.10}$$

Es sei bemerkt, daß die letzte Komponente von $\dot{\hat{h}}$ nicht die Zeitableitung der letzten Komponente von $\hat{h}$ ist.

Sämtliche Komponenten dieser Vektoren und des Vektors $\hat{\underline{\xi}}$ bleiben bei Galilei-Transformationen ungeändert.

Das Differential (4.6) der Entropie lautet nun

$$ds^*(\hat{\underline{h}},\hat{\underline{\xi}}) = -\hat{\underline{g}}^* \cdot d\hat{\underline{h}} + \hat{\underline{A}} \cdot d\hat{\underline{\xi}} \ . \tag{4.11}$$

Es läßt sich zeigen, daß sich die Gleichungen (4.2), (4.3) in der Galilei-invarianten Gestalt

$$\hat{\underline{g}} = - \partial s^*(\hat{\underline{h}},\hat{\underline{\xi}})/\partial\hat{\underline{h}} + \hat{\underline{Y}}_1(\hat{\underline{h}},\hat{\underline{\xi}},\dot{\hat{\underline{h}}},\dot{\hat{\underline{\xi}}},\underline{R}^T\dot{\underline{R}}), \tag{4.12}$$

$$\underline{O} = - \partial s^*(\hat{\underline{h}},\hat{\underline{\xi}})/\partial\hat{\underline{\xi}} + \hat{\underline{Y}}_2(\hat{\underline{h}},\hat{\underline{\xi}},\dot{\hat{\underline{h}}},\dot{\hat{\underline{\xi}}},\underline{R}^T\dot{\underline{R}}) \tag{4.13}$$

schreiben lassen und daß die Ungleichung (4.7) übergeht in

$$\hat{\underline{Y}}_1 \cdot \dot{\hat{\underline{h}}} + \hat{\underline{Y}}_2 \cdot \dot{\hat{\underline{\xi}}} \geq 0 \tag{4.14}$$

für alle $\hat{\underline{h}}$, $\hat{\underline{\xi}}$, $\dot{\hat{\underline{h}}}$, $\dot{\hat{\underline{\xi}}}$ in einem gewissen Bereich.

Die Forderung der Galilei-Invarianz läßt also noch durchaus zu, daß die Materialgleichungen von $\underline{R}^T\dot{\underline{R}}$ und damit von der Winkelgeschwindigkeit des Materialelements abhängen.

Stellen wir nun die Forderung der instantanen Objektivität, d.h. der Kovarianz der Gleichungen (4.12) und (4.13) gegenüber einer Drehung $\underline{Q}(t)$ (und nicht nur einer festen Drehung), so ist

$$(\underline{R}^T\dot{\underline{R}})' = \underline{R}^T\underline{Q}^T(\underline{Q}\underline{R})^{\cdot} = \underline{R}^T\dot{\underline{R}} + \underline{R}^T\underline{Q}^T\dot{\underline{Q}}\underline{R} \ .$$

Dies ist weder das Transformationsverhalten einer Invarianten noch eines Vektors oder Tensors. Da alle übrigen Größen in (4.12) und (4.13) von der Transformation $\underline{Q}(t)$ unberührt bleiben, so kommen wir zu dem Ergebnis, daß diese Gleichungen nur dann der instantanen Objektivität genügen, wenn $\hat{\underline{Y}}_1$ und $\hat{\underline{Y}}_2$ nicht von $\underline{R}^T\dot{\underline{R}}$ abhängen.

Andererseits kann man fordern, daß die Materialgleichungen nur solche Größen enthalten, die in der Entropieproduktion (4.7) vorkommen. Dieses Verfahren wurde auf große Deformationen erstmals von Sulzmann[16] angewendet, der sich allerdings auf isotrope Materialien, nur skalare innere Variablen und kleine Abweichungen vom thermostatischen Gleichgewicht zu den jeweiligen Werten von u(t) und $\underline{F}(t)$ beschränkt. Auch damit ist eine Abhängigkeit der $\hat{\underline{Y}}_1$ und $\hat{\underline{Y}}_2$ von $\underline{R}^T\dot{\underline{R}}$ ausgeschlossen. Diese Forderung und die Forderung der instantanen Objektivität sind daher hier äquivalent.

Damit ist natürlich nicht bewiesen, ob die instantane Objektivität tatsächlich postulierbar ist, geschweige denn, daß sie ein allgemeines Prinzip darstellt. Ein relativ einfaches Gegenbeispiel hat I. Müller[17] gegeben. Aber danach könnte es sein, daß eine Abhängigkeit von $\underline{\underline{R}}^T\dot{\underline{\underline{R}}}$ allgemein erst bei verhältnismäßig großen Winkelgeschwindigkeiten des Materialelements merklich wird, d.h. daß die Forderung nach instantaner Objektivität in einem großen Bereich der Winkelgeschwindigkeit eine recht gute Näherung gibt.

Wir wollen jetzt aus (4.12) und (4.13) die inneren Variablen eliminieren, um zu einer physikalisch-thermodynamischen Beschreibung zu gelangen. Dies kann auf zwei verschiedene Weisen geschehen.

Faßt man (4.13) als Differentialgleichungen für die inneren Variablen $\hat{\underline{\xi}}$ auf, so ist die Lösung dieser Gleichung i.a. ein Funktional, das die Werte der äußeren Variablen $\hat{\underline{h}}$, $\dot{\hat{\underline{h}}}$, $\underline{\underline{R}}^T\dot{\underline{\underline{R}}}$ (außer der Größe $\underline{\underline{R}}^T\underline{Q}$) zu allen vergangenen Zeitpunkten $s' \leqq t$ enthält und in der Form

$$\hat{\underline{\xi}}(t) = \hat{\underline{X}}(\dot{\hat{\underline{h}}}(s'), \underline{\underline{R}}^T(s')\dot{\underline{\underline{R}}}(s') \; ; \; u^+ ; \; -\infty < s' \leqq t) \tag{4.15}$$

geschrieben werden kann. Für die äußeren Variablen $\hat{\underline{g}}(t)$ erhält man durch Einsetzen dieses Funktionals in (4.12) eine Nachwirkungsdarstellung der Form

$$\hat{\underline{g}}(t) = \hat{\underline{G}}(\dot{u}(s'), \dot{\underline{C}}(s'), \underline{\underline{R}}^T(s')\underline{g}(s'), \underline{\underline{R}}^T(s')\dot{\underline{\underline{R}}}(s'); u^+; -\infty < s' \leqq t). \tag{4.16}$$

Dies ist ein Satz von Materialgleichungen der
Gestalt (2.1) bis (2.3). Das allgemeine Prinzip der
Objektivität, nach der die Materialgleichungen kovariant gegen beliebige Drehungen $\underline{Q}(s')$ entlang
der ganzen Geschichte in $-\infty < s' \leqq t$ sein sollen, ist
in (4.16) genau dann erfüllt, wenn die Winkelge-
schwindigkeit $\underline{R}^T\dot{\underline{R}}$ für keinen Zeitpunkt s' in das
Funktional $\hat{\underline{G}}$ eingeht, wenn sie also schon in den
instantanen Gleichungen (4.12) und (4.13) fehlt. Das
heißt also: die physikalisch-thermodynamischen Gleichungen
genügen dem allgemeinen Prinzip der Objektivität, wenn
die chemisch-thermodynamischen Gleichungen, aus denen
sie durch Elimination der inneren Variablen folgen,
die Forderung nach instantaner Objektivität erfüllen.
Äquivalent dazu ist, daß der thermodynamische Formalismus
(4.12), (4.13) nur solche Variablen enthält, die in
der Entropieproduktion auftreten.

Wie schon bei (2.19) bemerkt, erfüllen die
Funktionale (4.16) die fundamentale Ungleichung (2.4).
Sie genügen auch den anderen im Abschnitt 2. formulierten
Forderungen 1., 2., 3., während die Bedingung 4. nach
Kovarianz gegenüber der Symmetriegruppe des Materials an
(4.16) noch zusätzlich zu stellen ist. Die Eigenschaft
2. (Einstellung des Gleichgewichts) läßt sich zeigen,
wenn man innere Stabilität des Materials und positive
Entropieproduktion im Nichtgleichgewicht voraussetzt.
Somit stellt der thermodynamische Formalismus (4.12)
bis (4.14) ein Modell für eine sehr große Klasse von
Materialgleichungen (4.16) der entropiefreien physikalischen
Thermodynamik der Vorgänge dar.

Statt erst die Differentialgleichungen für die
inneren Variablen zu integrieren, kann man letztere
und ihre Zeitableitungen auch eliminieren, indem man
erst geeignete Differentiationsprozesse an den Gleichungen
des thermodynamischen Formalismus ausführt. Sei z.B. die
Zahl der inneren Variablen gleich der Zahl der Komponenten
von $\hat{\underline{g}}$ und instantane Objektivität gefordert. Dann erhält
man eine Gleichung der Gestalt

$$\dot{\hat{\underline{g}}} = \underline{\Phi}_1(\hat{\underline{g}},\underline{h},\dot{\underline{h}}) + \underline{\Phi}_2(\hat{\underline{g}},\underline{h},\dot{\underline{h}})\ddot{\underline{h}} \qquad (4.17)$$

Dies ist eine sogenannte dynamische Zustandsgleichung
für die äußeren Variablen. Sie wird auch als Materialgleichung vom "rate-type" bezeichnet. Man kann auch
aus einer solchen dynamischen Zustandsgleichung $\hat{\underline{g}}(t)$
durch Integration gewinnen; dabei muß sich natürlich
wieder das Funktional (4.16) ergeben.

Der thermodynamische Formalismus stellt daher
auch ein Modell für eine Klasse von dynamischen Zustandsgleichungen dar.

Das Truesdellsche Postulat der Äquipräsenz[18]
ist nur für die physikalisch-thermodynamischen Material-
gleichungen formuliert. Im chemisch-thermodynamischen
Formalismus tragen wir dem Gedanken der Äquipräsenz in etwa
Rechnung, indem wir in beiden Funktionen $\underline{\Psi}_1$ und $\underline{\Psi}_2$ eine
Abhängigkeit vom selben Variablensatz $\underline{h}$, $\dot{\underline{h}},\underline{\xi},\dot{\underline{\xi}}$ zulassen.

Eliminieren wir aus dem Formalismus die inneren
Variablen, um zu physikalisch-thermodynamischen Materialgleichungen vom Typ dynamischer Zustandsgleichungen zu
gelangen, so wird unklar, wieweit der Begriff der Äquipräsenz dann noch sinnvoll ist. Zur Demonstration wählen

wir den Fall, daß nur eine innere Variable auftritt.
Dann lautet der chemisch-thermodynamische Formalismus

$$g_i = \phi_i(\underline{h}, \underline{\dot{h}}, \xi, \dot{\xi}) \qquad (i=0,1\dots,n), \qquad (4.18)$$

$$0 = \psi(\underline{h}, \underline{\dot{h}}, \xi, \dot{\xi}) \qquad (4.19)$$

Aus (4.18) mit i=0 und (4.19) ergibt sich zunächst
durch Auflösung nach ξ und $\dot{\xi}$

$$\xi = f_1(g_0, \underline{h}, \underline{\dot{h}}), \quad \dot{\xi} = f_2(g_0, \underline{h}, \underline{\dot{h}}). \qquad (4.20)$$

Damit ergeben die Gleichungen (4.18)

$$g_i = \Lambda_i(g_0, \underline{h}, \underline{\dot{h}}), \qquad (i=1,2,\dots n). \qquad (4.21)$$

Des weiteren differenzieren wir (4.18) mit i=0 und
ebenso (4.19) nach t, eliminieren aus den beiden sich
ergebenden Gleichungen $\ddot{\xi}$ und setzen dann ξ, $\dot{\xi}$ nach
(4.20) ein. Dann entsteht

$$\dot{g}_0 = M_0(g_0, \underline{h}, \underline{\dot{h}}) + \underline{\ddot{h}} \cdot \underline{N}_0(g_0, \underline{h}, \underline{\dot{h}}). \qquad (4.22)$$

Wir setzen natürlich voraus, daß die durchgeführten
Eliminationen möglich sind.

    Das Gleichungssystem (4.21) und (4.22) ist
nun ein System von dynamischen Zustandsgleichungen.
Die Äquipräsenzforderung würde nun bedeuten, daß auch
in Λ_i in (4.21) die Variable $\underline{\ddot{h}}$ enthalten ist.
Das ist nicht der Fall, und man mag sich damit abfinden,
daß dem eben hier nicht so sein muß. Aber es kommt noch
hinzu, daß das System der dynamischen Zustandsgleichungen
noch zahlreiche andere äquivalente Formen annehmen kann.

In der Herleitung von (4.21) und (4.22) haben wir die
Komponente g_0 ausgezeichnet. Man kann ebenso irgendeine
andere Komponente g_k auszeichnen und erhält durch
entsprechende Elimination

$$g_i = K_i(g_k, \underline{h}, \underline{\dot{h}}) \quad (i \neq k), \tag{4.23}$$

$$\dot{g}_k = M_k(g_k, \underline{h}, \underline{\dot{h}}) + \underline{\ddot{h}} \cdot \underline{N}_k(g_k, \underline{h}, \underline{\dot{h}}) \; . \tag{4.24}$$

Schließlich kann man aus den n+1 Gleichungssystemen
(4.23) und (4.24) mit k=0,1,2,...,n jeweils die
Gleichung (4.24) herausgreifen und erhält wiederum ein
System von dynamischen Zustandsgleichungen

$$\dot{g}_k = M_k(g_k, \underline{h}, \underline{\dot{h}}) + \underline{\ddot{h}} \cdot \underline{N}_k(g_k, \underline{h}, \underline{\dot{h}}) \; . \tag{4.25}$$

Am ehesten könnte man noch in diesem Gleichungssystem
die Idee der Äquipräsenz als vertreten ansehen, obwohl
in jeder Funktion M_k und $\underline{N}_k$ nur jeweils die Variable
g_k vertreten ist und nicht alle $g_0, g_1, \ldots g_n$. Andererseits
ist das Gleichungssystem (4.25) nicht mehr äquivalent
den Ausgangsgleichungen, was schon daran erkenntlich
ist, daß die Bestimmung des $\underline{g}$-Vektors aus (4.25) n+1
Integrationen, dagegen aus (4.21) und (4.22) nur eine
Integration benötigt.

Wir haben oben gesehen, daß jedem thermodynamischen
Formalismus ein Satz von Materialgleichungen der entropiefreien Thermodynamik entspricht. Die Frage, ob die
Umkehrung gilt, ob also zu jedem Gleichungssystem der
entropiefreien Thermodynamik ein thermodynamischer

Formalismus mit einem geeigneten Satz von inneren
Variablen konstruiert werden kann, ist ein im all-
gemeinen Fall noch offenes Problem.
Für einen Spezialfall, eine von Oldroyd[19] angegebene
Materialgleichung vom "rate-type" für eine inkompressible
Flüssigkeit, haben wir dagegen einen Formalismus mit
einer tensorwertigen inneren Variablen angeben können,
der durch Elimination der inneren Variablen auf die
Oldroydsche Gleichung führt. Dieser Formalismus stellt
damit ein Modell für die betrachtete Flüssigkeit dar.

Für weitere Einzelheiten, Spezialfälle und insbesondere ausführliche Rechnungen verweisen wir auf Weiner[9].

Anmerkungen:

I) "The density η, which is usually called the _specific_
   entropy, I prefer to call the _caloric_. This name has
   the virtue of dragging a red herring across the path
   of those who lay down police edicts concerning when
   and how "entropy" is to be "defined". As they back
   off in horror at revival of the longdead caloric
   theory of heat, we can return to our concrete mathe-
   matical theory, safe behind our double negation of
   authority"[3].

II) Zu diesen Begriffen und Postulaten findet man nähere
    Einzelheiten in Truesdell und Noll[4].

III) Einfach unterstrichene Buchstaben bezeichnen wie
     üblich Vektoren, zweifach unterstrichene Buchstaben
     Tensoren.

Diese Arbeit stellt den Abschlußbericht zum
Forschungsvorhaben A/3 - 4922 dar, das am Lehrstuhl A
für Theoretische Physik der RWTH Aachen durchgeführt
wurde. Die beiden erstgenannten Verfasser danken dem
Minister für Wissenschaft und Forschung des Landes
Nordrhein-Westfalen - Landesamt für Forschung -
für die ihnen zuteil gewordene Förderung.

Literaturverzeichnis

1) R. Clausius, Abhandlungen über die mechanische
   Wärmetheorie. Erste Abtheilung 1864, zweite
   Abtheilung 1867, Vieweg und Sohn, Braunschweig.

2) J.W. Gibbs, The Scientific Papers, Vol. 1, Thermodynamics, Dover publications, inc. New York, 1961.

3) C. Truesdell und W. Noll, The Non-Linear Field
   Theories of Mechanics, Handbuch der Physik,
   Bd. III/3, S. 44-47, S. 363-382, herausgegeben
   von S. Flügge, Springer-Verlag, 1965.

4) C.Truesdell, Rational Thermodynamics, McGraw-Hill
   Series in Modern Applied Mathematics, S. 29, 1970.

5) J. Meixner, Beziehungen zwischen Netzwerktheorie
   und Thermodynamik, Sitzungsbericht der Arbeitsge-
   meinschaft für Forschung des Landes NRW, Köln und
   Opladen, Westdeutscher Verlag, 1968.

6) J. Meixner, Thermodynamik der Vorgänge in einfachen
   fluiden Medien und die Charakterisierung der Thermodynamik irreversibler Prozesse, Z. Physik $\underline{219}$,
   S. 79-104, 1969.

7) J. Meixner, Processes in Simple Thermodynamic
   Materials, Archive for Rat. Mech. and Anal. $\underline{33}$,
   S.33-53, 1969.

8) W. Kern, Zur Vieldeutigkeit der Nichtgleichgewichtsentropie in kontinuierlichen Medien, Aachen 1972,
   Dissertation.

9) G. Weiner, Zur Objektivität der Zustandsgleichungen bei Materialien mit inneren Variablen, Aachen 1974, Dissertation.

10) Th. Alts, Zur Thermodynamik der Vorgänge in festen und fluiden Mischungen, Aachen 1970, Dissertation.

11) J. Meixner, Der Drehimpuls in der Thermodynamik irreversibler Prozesse, Z. Physik $\underline{164}$, S. 145-155, 1961.

12) J. Meixner, Reversibilität und Irreversibilität in linearen passiven Systemen, Zeitschrift für Naturforschung $\underline{16a}$, S. 721-726, 1961.

13) J. Tobergte, Invariante Teilräume und die verlorene Energie linearer passiver Transformationen, Köln 1965, Dissertation.

14) J. Meixner, On the Linear Theory of Heat Conduction, Archive for Rat. Mech. and Anal. $\underline{39}$, 1970, p. 108-130.

15) J. Meixner, Querverbindungen zwischen Netzwerktheorie und Thermodynamik der Vorgänge, Jahrbuch 1967 des Landesamts für Forschung des Landes NRW, Westdeutscher Verlag - Köln und Opladen - S. 413-430.

16) K. Sulzmann, Thermodynamik irreversibler Vorgänge bei großen Verformungen, Aachen 1968, Dissertation.

17) I. Müller, On the Frame Dependence of Stress and Heat Flux, Archive for Rat. Mech. and Anal. $\underline{45}$, S.241, 1972.

18) C. Truesdell, The Rational Mechanics of Materials -
     Past, Present, Future, Appl. Mech. Rev. $\underline{12}$, S. 75-80,
     1959.

19) J. G. Oldroyd, On the Formulation of Rheological
     Equations of State, Proc. Roy. Soc. Lond. $\underline{A\ 200}$,
     S. 523-541, 1950.

Forschungsberichte
des Landes Nordrhein-Westfalen

Herausgegeben im Auftrage des Ministerpräsidenten Heinz Kühn
vom Minister für Wissenschaft und Forschung Johannes Rau

Sachgruppenverzeichnis

Acetylen · Schweißtechnik
Acetylene · Welding gracitice
Acétylène · Technique du soudage
Acetileno · Técnica de la soldadura
Ацетилен и техника сварки

Arbeitswissenschaft
Labor science
Science du travail
Trabajo científico
Вопросы трудового процесса

Bau · Steine · Erden
Constructure · Construction material ·
Soilresearch
Construction · Matériaux de construction ·
Recherche souterraine
La construcción · Materiales de construcción ·
Reconocimiento del suelo
Строительство и строительные материалы

Bergbau
Mining
Exploitation des mines
Minería
Горное дело

Biologie
Biology
Biologie
Biologia
Биология

Chemie
Chemistry
Chimie
Quimica
Химия

Druck · Farbe · Papier · Photographie
Printing · Color · Paper · Photography
Imprimerie · Couleur · Papier · Photographie
Artes gráficas · Color · Papel · Fotografía
Типография · Краски · Бумага · Фотография

Eisenverarbeitende Industrie
Metal working industry
Industrie du fer
Industria del hierro
Металлообрабатывающая промышленность

Elektrotechnik · Optik
Electrotechnology · Optics
Electrotechnique · Optique
Electrotécnica · Optica
Электротехника и оптика

Energiewirtschaft
Power economy
Energie
Energia
Энергетическое хозяйство

Fahrzeugbau · Gasmotoren
Vehicle construction · Engines
Construction de véhicules · Moteurs
Construcción de vehículos · Motores
Производство транспортных средств

Fertigung
Fabrication
Fabrication
Fabricación
Производство

Funktechnik · Astronomie
Radio engineering · Astronomy
Radiotechnique · Astronomie
Radiotécnica · Astronomía
Радиотехника и астрономия

Gaswirtschaft

Gas economy
Gaz
Gas
Газовое хозяйство

Holzbearbeitung

Wood working
Travail du bois
Trabajo de la madera
Деревообработка

Hüttenwesen · Werkstoffkunde

Metallurgy · Materials research
Métallurgie · Matériaux
Metalurgia · Materiales
Металлургия и материаловедение

Kunststoffe

Plastics
Plastiques
Plásticos
Пластмассы

Luftfahrt · Flugwissenschaft

Aeronautics · Aviation
Aéronautique · Aviation
Aeronáutica · Aviación
Авиация

Luftreinhaltung

Air-cleaning
Purification de l'air
Purificación del aire
Очищение воздуха

Maschinenbau

Machinery
Construction mécanique
Construcción de máquinas
Машиностроительство

Mathematik

Mathematics
Mathématiques
Matemáticas
Математика

Medizin · Pharmakologie

Medicine · Pharmacology
Médecine · Pharmacologie
Medicina · Farmacología
Медицина и фармакология

NE-Metalle

Non-ferrous metal
Metal non ferreux
Metal no ferroso
Цветные металлы

Physik

Physics
Physique
Física
Физика

Rationalisierung

Rationalizing
Rationalisation
Racionalización
Рационализация

Schall · Ultraschall

Sound · Ultrasonics
Son · Ultra-son
Sonido · Ultrasónico
Звук и ультразвук

Schiffahrt

Navigation
Navigation
Navegación
Судоходство

Textilforschung

Textile research
Textiles
Textil
Вопросы текстильной промышленности

Turbinen

Turbines
Turbines
Turbinas
Турбины

Verkehr

Traffic
Trafic
Tráfico
Транспорт

Wirtschaftswissenschaften

Political economy
Economie politique
Ciencias economicas
Экономические науки

Einzelverzeichnis der Sachgruppen bitte anfordern

Westdeutscher Verlag GmbH

– Auslieferung Opladen –
567 Opladen, Postfach 1620

GPSR Compliance
The European Union's (EU) General Product Safety Regulation (GPSR) is a set
of rules that requires consumer products to be safe and our obligations to
ensure this.

If you have any concerns about our products, you can contact us on

ProductSafety@springernature.com

In case Publisher is established outside the EU, the EU authorized
representative is:

Springer Nature Customer Service Center GmbH
Europaplatz 3
69115 Heidelberg, Germany